Manoj N. Bhoi

Utilização extensiva de isatina para a síntese de compostos espiro-heterocíclicos

Manoj N. Bhoi

Utilização extensiva de isatina para a síntese de compostos espiro-heterocíclicos

ScienciaScripts

Imprint
Any brand names and product names mentioned in this book are subject to trademark, brand or patent protection and are trademarks or registered trademarks of their respective holders. The use of brand names, product names, common names, trade names, product descriptions etc. even without a particular marking in this work is in no way to be construed to mean that such names may be regarded as unrestricted in respect of trademark and brand protection legislation and could thus be used by anyone.

Cover image: www.ingimage.com

This book is a translation from the original published under ISBN 978-620-7-63908-3.

Publisher:
Sciencia Scripts
is a trademark of
Dodo Books Indian Ocean Ltd. and OmniScriptum S.R.L publishing group

120 High Road, East Finchley, London, N2 9ED, United Kingdom
Str. Armeneasca 28/1, office 1, Chisinau MD-2012, Republic of Moldova, Europe
Managing Directors: Ieva Konstantinova, Victoria Ursu
info@omniscriptum.com

Printed at: see last page
ISBN: 978-620-8-63018-8

UTILIZAÇÃO EXTENSIVA DA ISATINA NA SÍNTESE DE COMPOSTOS ESPIRO-HETEROCÍCLICOS

MANOJ N. BHOI DEPARTAMENTO DE QUÍMICA,

FACULDADE DE CIÊNCIAS DO GOVERNO, LIMKHEDA,

GUJARAT, ÍNDIA.

EMAIL: MANOJ18BHOI@GMAIL.COM

RESUMO

Muitos compostos heterocíclicos com a fração isatina têm aplicações notáveis em vários domínios, como a química orgânica, a química medicinal, a indústria e os fármacos. A síntese de alguns derivados de espiroxindole, com um olhar para a química sintética, tem sido efectuada através de diferentes metodologias utilizando diferentes catalisadores. Este livro descreve uma visão geral dos recentes avanços na utilização da isatina para a síntese de vários compostos espiro heterocíclicos após o período de 2012.

Palavras chave: *Isatina, espiroxindole, compostos espiro heterocíclicos, rastreio biológico*

ÍNDICE DE CONTEÚDOS

1. INTRODUÇÃO

Os compostos heterocíclicos têm protegido as maiores áreas de investigação domínio da química orgânica em voga. Contribuem para o desenvolvimento da sociedade do ponto de vista farmacêutico e industrial. Têm também um papel importante nos processos bioquímicos. São uma das partes dos grupos laterais de constituintes cruciais das células vivas, como o ADN e o ARN. Entre eles, a fração de indole tem atraído a atenção dos químicos sintéticos, uma vez que são uma fonte fértil de moléculas biologicamente activas. A isatina é um dos compostos versáteis que contém o grupo indole. A isatina é geralmente conhecida como indolina-2, 3-diona ou indole-1H-2, 3-diona. Desde 1840, a isatina foi sintetizada pela primeira vez por Erdman[1] e Laurent[2] a partir da oxidação do índigo por ácido crómico e/ou ácido nítrico e a sua estrutura atual foi proposta por Kekule.[3] A isatina e os seus derivados encontram-se naturalmente em algumas plantas, tais como o género Isatis,[4] Calanthe discolor LINDL[5] e Couroupita guianensis Aubl.[6] Foi também explorada a partir da glândula parótida de rãs Bufo.[7] Foi também isolada como um derivado metabólico da adrenalina em seres humanos. [8]

A química das isatinas foi estudada pela primeira vez por Sumpter [9] e posteriormente actualizada por Popp[10] e por Silva et al. [11]. Uma extensa investigação sobre a síntese e reatividade das isatinas, que possuem um motivo indol com uma cetona e uma fração γ-lactama, revelou muitos aspectos interessantes das reacções e mecanismos orgânicos. O potencial exclusivo das isatinas para serem utilizadas não só como electrófilos mas também como nucleófilos e a sua fácil disponibilidade tornaram-nas blocos de construção valiosos na síntese orgânica. A aplicação mais cativante da isatina na síntese orgânica deve-se, sem dúvida, ao grupo carbonilo C-3 altamente reativo que é um centro pró-quiral. As reacções do grupo carbonilo C-3 da isatina, principalmente por adições nucleofílicas ou espiroanulação, transformam-na em derivados de 2-oxindole **(Figura 1)**. A isatina sofre substituição aromática electrofílica nas posições C-5 e C-7 do anel fenílico, N-substituições, adições nucleofílicas ao grupo carbonilo C-3, reduções quimio-selectivas, oxidações, expansões anulares e espiro-anulações, etc. A síntese de várias estruturas heterocíclicas de importância biológica, tais como pirrolidinas, 6uinolonas, indóis, β-lactamas e 2-oxindóis, etc., foi desenvolvida utilizando a isatina como substrato. As propriedades biológicas da isatina incluem uma vasta gama de acções no cérebro e oferecem proteção contra certos tipos de infecções. [12] Sabe-se também que possui actividades inibidoras da CNSMAO, anticonvulsivantes e ansiogénicas. [13] Um estudo exaustivo revelou que os derivados da isatina têm diversas actividades quimioterapêuticas, tais como antimicrobiana, [14] antiviral, [15] anticonvulsivante, [16] anti-inflamatória,[17]H1-anti-histamínicoe antidepressivo,[18]antioxidante,[19]diurético,[20]anti-VIH,[21] antifúngico,[22] tuberculostático, [23] e anticancerígeno[24]. A ligação ao ADN é considerada como um mecanismo para explicar as numerosas actividades anticancerígenas de vários derivados da isatina. Além disso, algumas das bases de Mannich da isatina são compostos eficazes na luta contra os vírus da varíola e da vaccinia. [25]

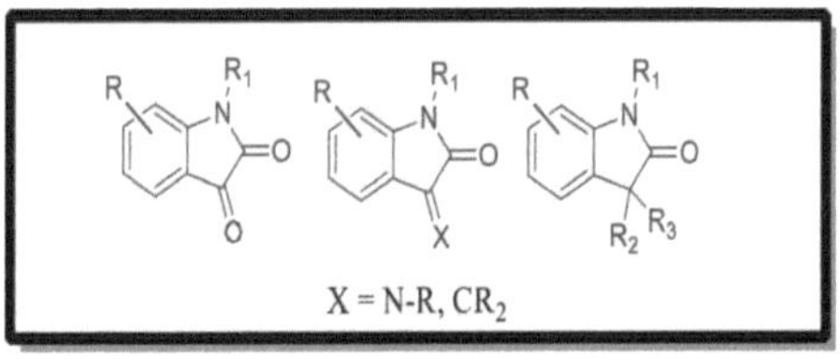

Structure of isatin and isatin-derived 2-oxindoles

A conceção estrutural de uma estrutura espiro-cíclica foi sempre um esforço estimulante para os químicos orgânicos sintéticos, uma vez que requer frequentemente uma conceção sintética baseada em estratégias específicas. Devido à tensão estérica, a presença de um carbono espiral nos heterociclos causa rigidez estrutural e tem restrições conformacionais, influenciando consideravelmente as actividades biológicas. Num cenário tão complexo, a isatina tem sido amplamente utilizada, quer diretamente quer através de 2-oxindoles 3-substituídos, na conceção e síntese de estruturas espirocíclicas. Uma vasta investigação sobre este aspeto da química da isatina durante a última década conduziu à conceção e síntese eficazes de vários tipos de compostos heterocíclicos e carbocíclicos com um anel 2-oxindole fundido em espiral contendo um ou mais centros estéreo.

Os 2-Oxindoles ou espiroxindoles, particularmente os que são espirofundidos com outras estruturas cíclicas **(Figura 2)**, atraíram um interesse maravilhoso para os investigadores na área da química orgânica sintética, bem como da química medicinal em todo o mundo, porque estão presentes em muitos produtos naturais, tais como a elacomina, a rhynchophylline, as espirotryprostatinas, a horsfilina, a gelseverina e a gelsemina, etc. A literatura atual mostra várias actividades biológicas [26] **(Figura 3)**, tais como anti-HIV, [27] anticancerígena,[28] progesterona recetor moduladores, [29] antituberculoso, [30] antimalárico, [31] inibidor de MDM2, etc. [32] Recentemente, foram relatadas algumas revisões para a síntese de espirocompostos através da síntese assimétrica utilizando catálise assimétrica, [33] por ciclização de anilidas mediada por metais de transição, [34] através de reação enantioselectiva e metodologias. [35]

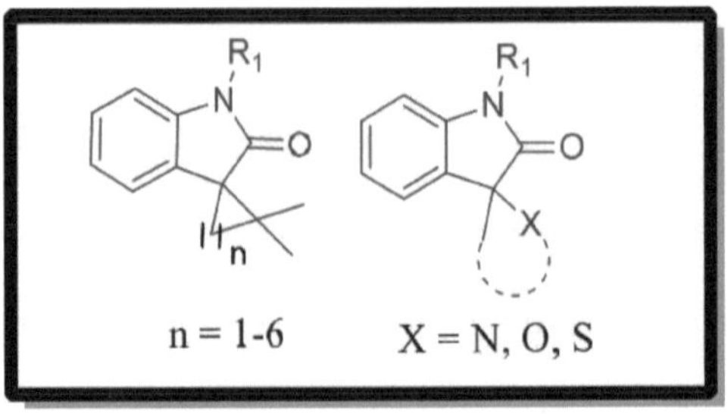

2. Carbo and heterocyclic frameworks spiro-fused

2-oxindoles

Em 2013-14, publicámos dois artigos de revisão [36][37] para uma breve descrição da química da isatina na conceção e síntese de diferentes tipos de compostos contendo heterociclos espirofundidos, seguidos das suas aplicações no domínio da química sintética orgânica e da química medicinal. Encorajados pelos estudos anteriores e na continuação dos nossos esforços para a síntese de espiro-heterociclos, o presente artigo de revisão enfatiza a reatividade da isatina para a síntese de diversos derivados de espiroxindole utilizando vários catalisadores através de métodos convencionais ou de micro-ondas.

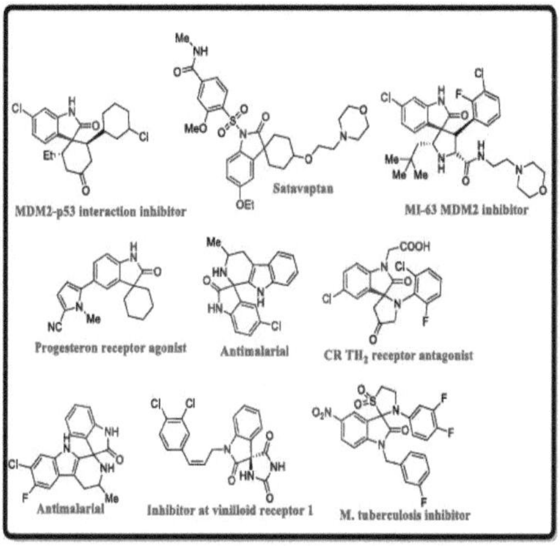

Figure 3. Selected biologically important spiro heterocyclic compound possessing 2-oxindole motif

2. ESQUEMAS DE SÍNTESE DE HETEROCICLOS ESPIRAIS

Lu e os seus colaboradores [38] desenvolveram um protocolo eficaz para a síntese de dispirociclopentil-3,3'-bisoxindoles funcionalizados com duas unidades de oxindole nas posições 1,2 do anel ciclopentil recém-formado. A reação de ciclização de duas moléculas de 3-fenacilideno-oxindoles e nitrometano com etanol refluxado na presença de DBU como base deu um rendimento de 49-86%. A vantagem desta reação é a disponibilidade imediata de materiais de partida, a simplicidade operacional e a elevada diastereoselectividade (Esquema 1).

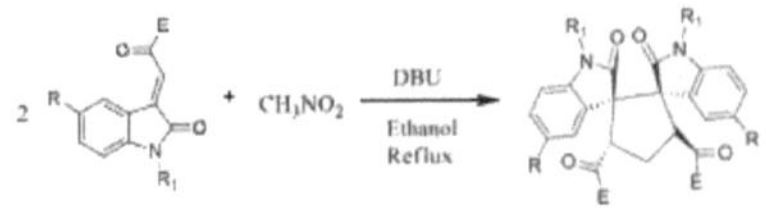

Scheme 1

Shen e colaboradores sintetizaram uma síntese eficiente, nova e num único local de derivados de 5H-espiro[benzo[7,8]cromeno[2,3-c]pirazol-7,3'-indolina]-2',5,6- (9H)-triona.[39] Uma reação de quatro componentes de hidrato de hidrazina, β-cetoésteres, isatinas e 2-hidroxinaftaleno-1,4-diona foi catalisada por $MgCl_2$ (10 mol%) em refluxo em etanol. A estrutura foi confirmada por análise de difração de cristal único de raios X. Esta reação fornece vantagens de excelentes rendimentos, solvente amigo do ambiente, tempo de reação mais curto e procedimento de trabalho simples (Esquema 2).

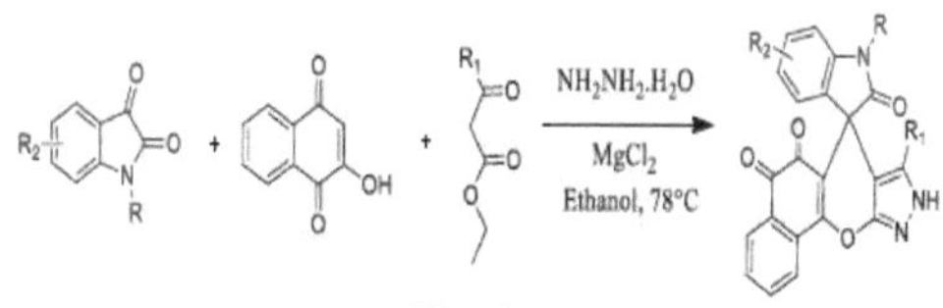

Scheme 2

A síntese de Os derivados (E)-8'-arilideno-5',6',7',8'-tetrahidrospiro[oxindol-3,4'-pirano[3,2-c]piridina] foram sintetizados por Wang et al. ([40]), um procedimento de ciclização eficiente e suave foi conseguido através de uma condensação de três componentes de isatinas, malononitrilo e (E)-3-arilideno-1- metilpiperidina-4-onas, utilizando piperidina como catalisador eficaz e etanol como solvente. Estes compostos foram avaliados quanto à sua atividade antitumoral in vitro na linha celular de carcinoma do colo do útero humano (Hela), na linha celular de carcinoma hepatocelular do fígado humano (HepG2) e na linha celular de carcinoma da mama humano (MDA-MB-231) (Esquema 3).

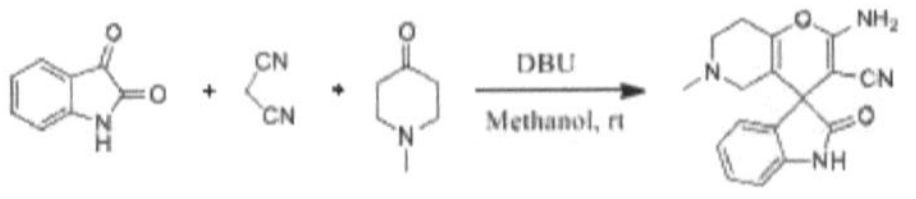

Scheme 3

Um protocolo mais fácil, mais rápido e eco-eficiente foi explorado para a síntese de derivados de espirotetrahidroquinolina através da metodologia hetero Diels-Alder usando arilaminas, isatina e anidrido maleico foi catalisado por $InCl_3$ em PEG 400 como solvente verde sob ultrassom. A viabilidade desta reação é estabelecida em termos de tempo de reação mais curto, bom rendimento e minimização de resíduos. O uso do solvente verde PEG 400 e ultrassom torna esta abordagem muito atraente caminho para alcançar moléculas complexas. O acoplamento de duas moléculas biologicamente activas indole e tetrahidroquinolina onde existe uma ponte C-3 spirooxindole nas moléculas do produto encorajado para avaliar as suas actividades anti-microbianas e analgésicas. Alguns compostos apresentaram resultados favoráveis para futura aplicação na descoberta de medicamentos (Esquema 4). [41]

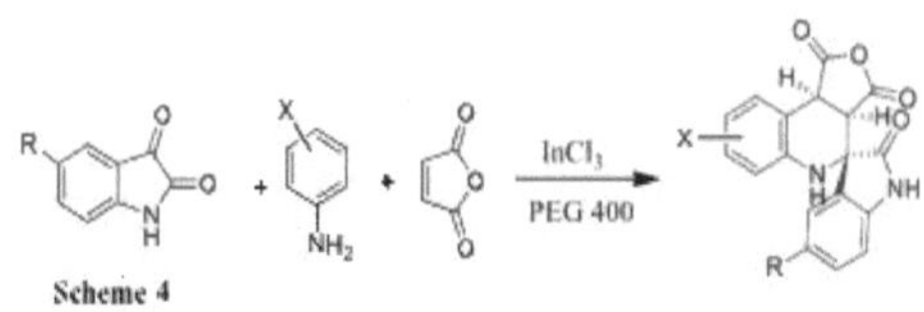

Scheme 4

Na continuação do seu trabalho, Kianfar e colaboradores [42] desenvolveram novos catalisadores para transformações orgânicas, utilizando a isatina e os seus derivados como precursores. Por conseguinte, podemos aumentar a atividade biocida com a entidade de duas ou mais várias partes heterocíclicas numa molécula . Os autores relataram a preparação de derivados de espirooxindole utilizando isatina, malononitrila e 5,5-bis-substituído-1,3-ciclohexanodiona. Neste método, os catalisadores impressionáveis e recicláveis utilizados são a N-propildietilenotriamina ligada à sílica e o ácido N-propil dietilenotriamina sulfâmico ligado à sílica. Este método tem muitas vantagens, como a simplicidade de trabalho, o procedimento limpo e fácil e a circunstância de ser amigo do ambiente (Esquema 5).

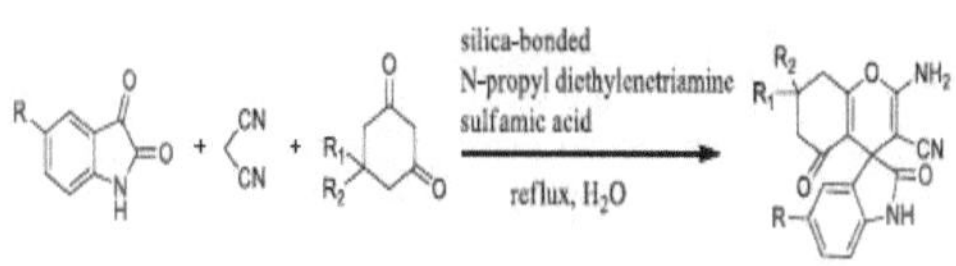

Scheme 5

Kumari e col. descobriram um protocolo suave e eficiente para a síntese de espiro [indolina-3,4′-pirazolo[3,4- b]quinolina]diones através de uma condensação de três componentes de isatinas, 1,3-dicarbonilos e 5-amino-1-fenil-3-metilpirazol utilizando o catalisador [NMP]H_2PO_4 em mistura binária de EtOH: H_2O. O catalisador pode ser reciclado e reutilizado quatro vezes sem perda significativa de atividade.

Os diones espiro[indolina-3,4′-pirazolo[3,4- b]quinolina]com estruturas de ressonância iónica zwitter estabilizadas mostraram uma aplicação viável como novas sondas fluorescentes e indicadores de pH. Estes quimiossensores têm uma boa deslocação do comprimento de onda e mostraram uma sensibilidade excecional na gama de pH de 11-13 (Esquema 6). [43]

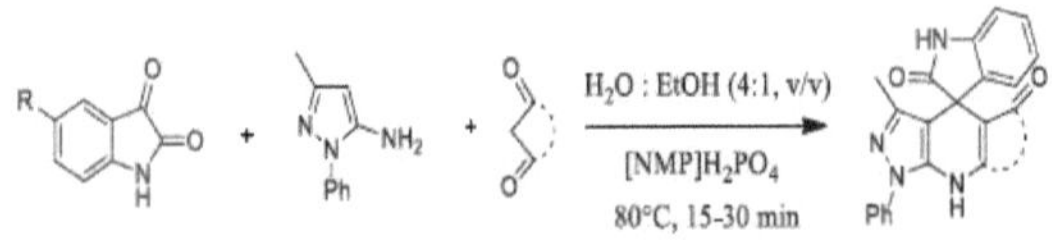

Scheme 6

Shinde e os seus colaboradores [44] exploraram uma nova estratégia conveniente assistida por carbonato de sódio e sílica para a síntese de derivados de espiro[cromeno-4,3'-indolina]- 3-carbonitrilos em meios isentos de solventes. As reacções podem ser realizadas com baixas cargas de catalisador com excelente tolerância do grupo funcional. O catalisador pode ser facilmente recuperado para três passagens sem qualquer perda significativa rendimentos, a sua baixa quantidade e o facto de ser seguro, barato e benigno para o ambiente tornam o protocolo atrativo, sustentável e económico (Esquema 7).

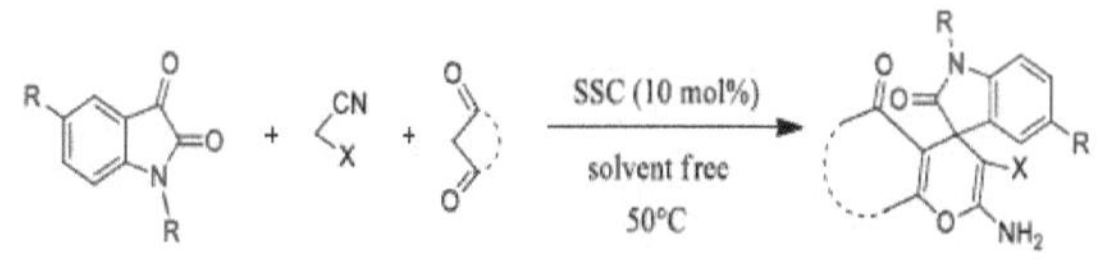

Scheme 7

A Withaferin-A (WA) é uma estrutura muito interessante e tem várias actividades biológicas e também a importância biológica do sistema de anéis pirrolidina-2-espiro-3-oxindole, Bharitkar e etal. Sintetizaram um motivo de interesse envolvendo ambos os sistemas de anéis através da cicloadição 1,3-dipolar de WA na segunda ligação do sistema α, β-carbonilo insaturado . Relataram dez compostos de novos aductos de espiro-pirrolizidino-oxindol de withaferina-A, que são de síntese fácil e atómica através da cicloadição intermolecular de ylides de azometina gerados in situ a partir de prolina e isatinas. A reação é altamente quimio, regio e estereoselectiva, produzindo os produtos cis fundidos. As estruturas foram determinadas por análise de RMN 1D/2D e, nalguns casos, por análise cristalográfica de raios X. Também relataram a bio-avaliação dos compostos sintetizados contra seis linhas de cancro (por exemplo, CHO, HepG2, HeLa, HEK 293,

MDCK-II e Caco-2). Entre eles, um dos compostos foi identificado como um potencial promissor de compostos anticancerígenos (Esquema 80). [45]

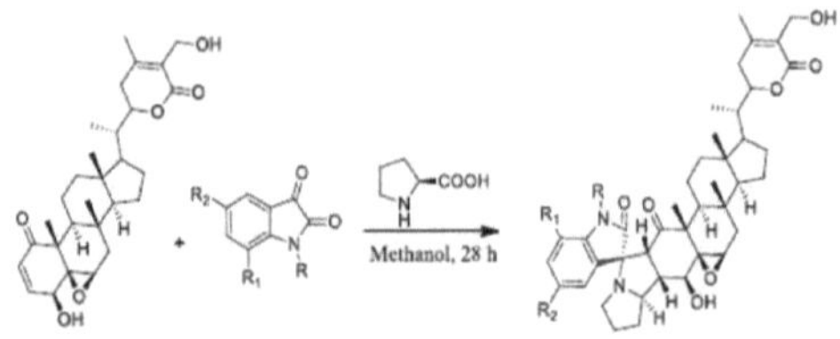

Scheme 8

Ashok et al. descreveram um conjugado de espirocromanona anulado com indolin-2-ona conveniente, eficiente e novo, utilizando o líquido iónico tetracloroferrato de 1-n-butil-3-metilimidazólio, [bmim]Cl-$FeCl_3$. Esta abordagem oferece as vantagens da reutilização do líquido iónico, rendimentos elevados, operação conveniente, fácil elaboração e benigna para o ambiente. Os compostos sintetizados foram estimados para a sua atividade antioxidante. Entre esses compostos, o composto dois apresentou valores de IC_{50} de 1,25 e 1,74 μM, comparáveis aos do ácido ascórbico (IC_{50} 8,64 μM), um agente antioxidante padrão (Esquema 9).[46]

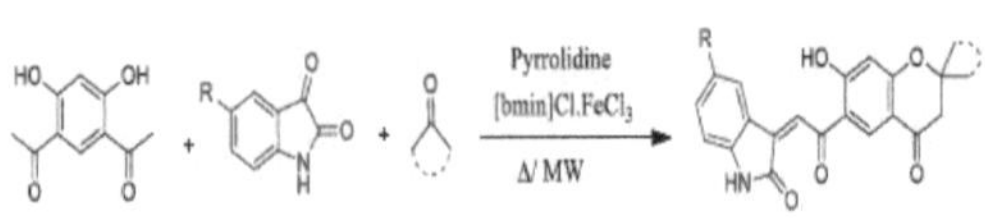

Scheme 9

Taghizadeh et al. descreveram um procedimento de quatro componentes para a síntese de novas espiro-oxindolo-pirrolidinas quirais com elevada regio, diastereo e enantioselectividade (até 80% ee). A cicloadição regio e estereoquímica 1,3-dipolar de ylides de azometina, que foram gerados in situ durante a reação de derivados de isatina, sarcosina com menthilcinamato quiral opticamente ativo. A reação foi estudada com base em cálculos teóricos e na atribuição da configuração absoluta dos cicloadutos (Esquema 10). [47]

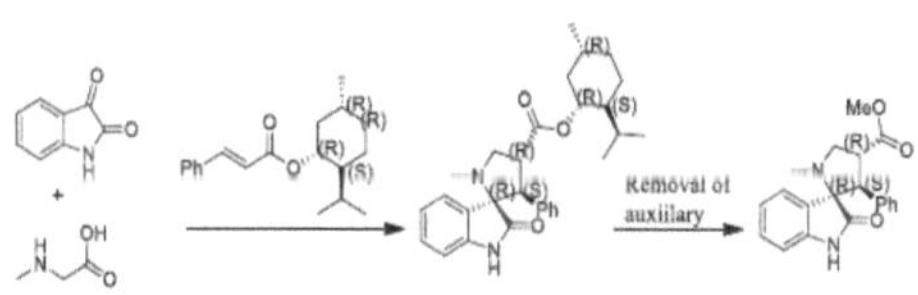

Scheme 10

Uma síntese fácil de dispirooxindolopirrolidinas foi realizada por Almansour e seus colaboradores [48] através de uma reação de cicloadição 1,3-dipolar de três componentes. Os ylides de azometina foram gerados in situ a partir de L-fenilalanina e isatinas substituídas. Uma série de dipolarófilos de (E)-2-oxoindolino-3-ilideno acetofenona no líquido iónico brometo de 1-butil-3-metilimidazólio [bmim]BF_4, equipou os cicloadutos com rendimentos elevados, tendo os regioisómeros sido obtidos com elevada seletividade. Além disso, a reciclagem do [bmim]BF_4, até cinco vezes, é benéfica (Esquema 11).

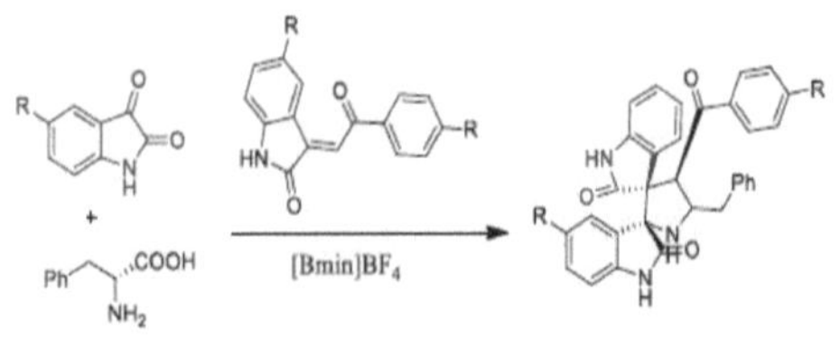

Scheme 11

Shi e colaboradores prepararam o espiro[indolina-3,4'-pirano[3,2-H]quinolinas] altamente funcionalizado em rendimentos elevados a partir da reação de três componentes de 8-hidroxiquinolina, isatinas e malononitrilo ou cianoacetato de etilo na presença de piperidina e etanol como solvente à temperatura ambiente durante cerca de 12 horas (Esquema 12). [49]

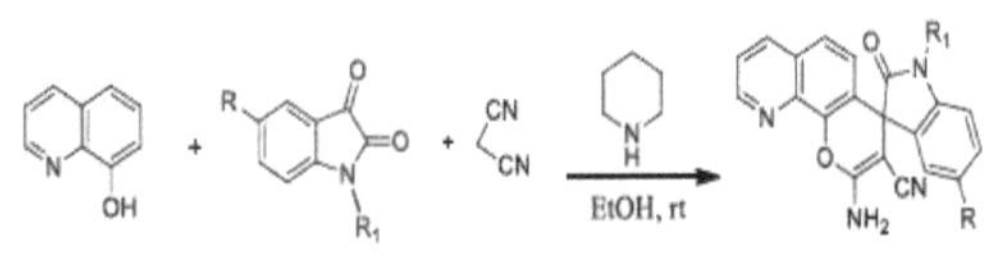

Scheme 12

Reddy et al. prepararam uma seleção inclusiva de aldeídos para sofrerem um acoplamento cruzado suave com 3-hidroxi-3-(4-hidroxibut-1-en-2-il)-1-metilindolin-2-ona na presença de 10 mol% de $BF_3.OEt_2$ em diclorometano a 0°C para obter derivados de 2,3,5,6-tetrahidro-1'H-spiro[pirano-4,4'-quinolina]- 2',3'-diona em bons rendimentos com excelente diasterioselectividade. A síntese de tetrahidro-1'H-spiro[pirano-4,4'-quinolina]-2',3'-diona foi relatada pela primeira vez através de uma cascata de reação Prins/Pinacol (Esquema 13). [50]

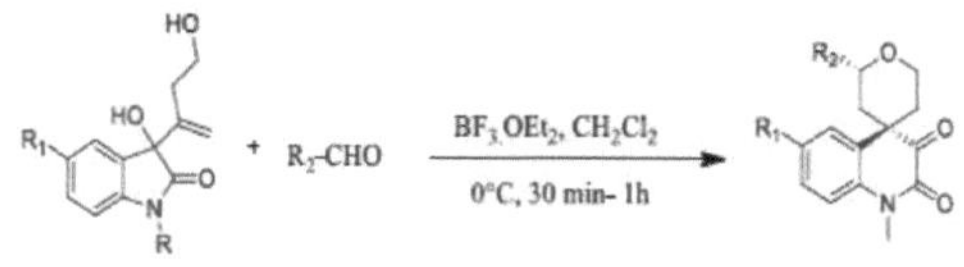

Scheme 13

Uma nova reação mediada por $FeCl_3$ de 3-benzil-2-oxindoles com derivados de estireno foi desenvolvida por Wu e colaboradores. A reação forneceu espirociclohexeno oxindoles com excelentes diastereoselectividades, com bons rendimentos e através de um processo de adição radicalar ou de ciclização em tandem (Esquema 14). [51]

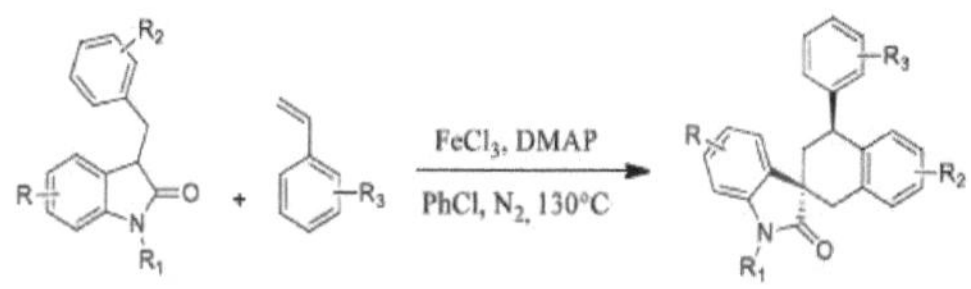

Scheme 14

A reação multicomponente e sem solventes entre isatinas, malononitrilo e dimedona foi descrita por Elinson e colaboradores utilizando acetato de sódio como catalisador. O método de moagem em almofariz resulta na formação rápida e eficiente de espiroxindoles substituídos com um rendimento prático muito bom (90-99%).

Os espiroxindóis substituídos, substâncias farmacologicamente promissoras com actividades diuréticas, espasmolíticas, anticoagulantes, anticancerígenas e antianafiláticas, são benéficos para os processos em grande escala orientados para a diversidade. Esta reação representa um conceito sintético rápido, eficiente e ambientalmente benigno para a estratégia de reacções multicomponentes (Esquema 15). [52]

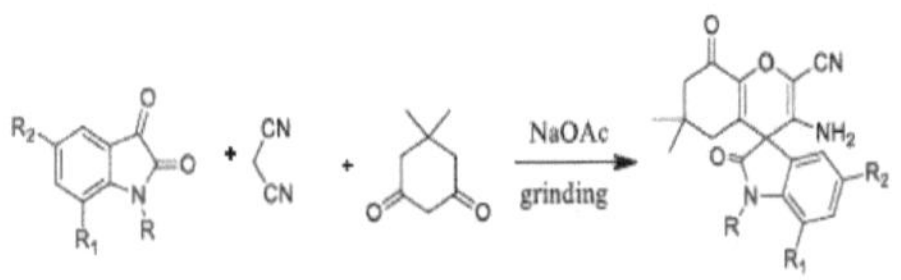

Scheme 15

A síntese de 1-H-espiro[isoindolina-1,2-quinazolina]-3,4(3H)-dionas foi realizada de forma expedita por Mane e colaboradores. O produto foi sintetizado utilizando isatina(s) ou cetona cíclica e antranilamida em etanol à temperatura ambiente. Os rendimentos admiráveis dos produtos, o tempo de reação mais curto, a facilidade de operação e o procedimento de trabalho simples são as caraterísticas mais notáveis do presente protocolo. Os compostos sintetizados revelaram-se fluorescentes com absorção na região do UV (302, 362 nm) e emissão na região do visível (413-436 nm) com desvio de Stokes de 44-72 nm (Esquema 16). [53]

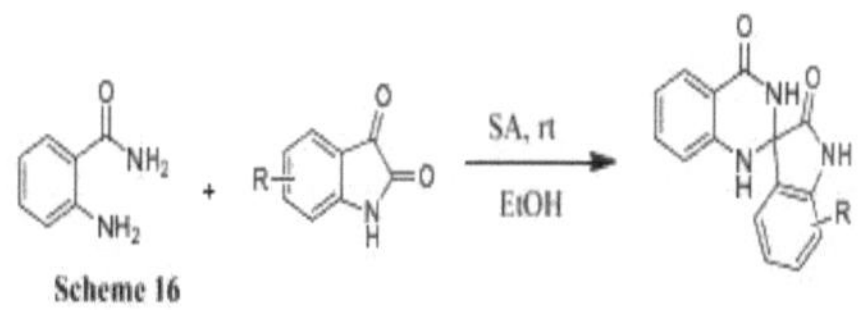

Scheme 16

Mali e o seu colega de trabalho realizaram uma síntese de fase aquosa de três componentes, ecológica e de um pote, de derivados de espirooxindole funcionalizados pela reação de isatina, β-nitrostyrene e benzil amina ou α-aminoácidos em água sob irradiação de micro-ondas. O método mostrou uma construção fácil de uma série de espirooxindoles em bons rendimentos com boa seletividade diastereo a partir de precursores facilmente disponíveis. Além disso, todos os compostos sintetizados foram analisados quanto à sua atividade antimicrobiana e a maioria dos compostos mostrou uma atividade significativa contra Escherichia coli (ATCC 10536), Candida tropicalis (ATCC 750), Staphylococcus aureus (ATCC 25923) e Pseudomonas aeruginasa (ATCC 15442) (Esquema 17). [54]

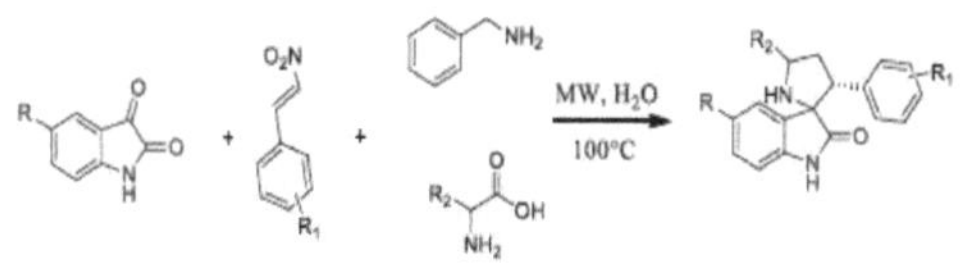

Scheme 17

Uma reação de anulação assimétrica [4+2] catalisada por NHC (carbeno N-heterocíclico) de isatinas e ácidos carboxílicos α,βinsaturados com γ-H deu origem a oxindole-dihidropiranonas espirocíclicas sintetizadas por Ling Zhu. Este protocolo apresentou fácil disponibilidade de matérias-primas, estratégia de ativação in situ, bons rendimentos e excelentes enantioselectividades (até 99% ee) (Esquema 18). [55]

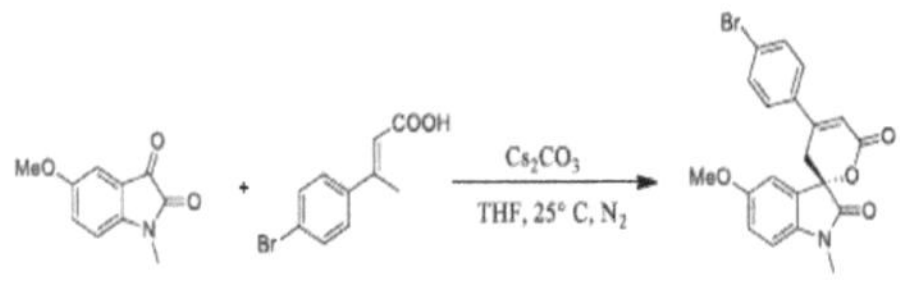

Scheme 18

Uma reação eficiente de quatro componentes de isatina, 1,3-indanodiona, acetoacetato de etilo e acetato de amónio em mistura binária de etanol: sistema de água (9:1) forneceu espiro[4H-indeno[1,2- b]piridina-4,3'-[3H]indóis] à temperatura ambiente. Os méritos do método são as condições de reação suaves à temperatura ambiente que foram conseguidas por Dige e colaboradores. Os compostos sintetizados apresentam excelentes propriedades de fluorescência (Esquema 19). [56]

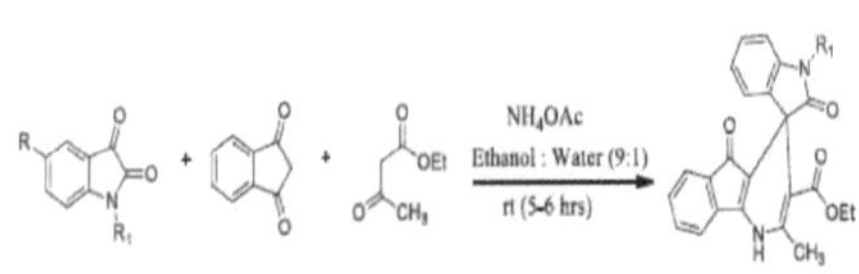

Scheme 19

Padvi et al. tentaram uma síntese rápida e eficiente de derivados de espirooxindole através da reação de três componentes de isatina, malononitrilo e composto carbonílico com um grupo reativo α-metileno, utilizando um líquido iónico específico, hidróxido de 1-butil-3-metil imidazólio [bmim]OH como catalisador. As caraterísticas significativas desta metodologia são a rota direta em tempo de reação curto à temperatura ambiente e o facto de evitar qualquer solvente orgânico perigoso, passo de purificação tedioso e catalisador tóxico. De forma estimulante, este protocolo não se limita apenas aos mono-sistemas, mas também à síntese de um novo sistema de bisspirooxindole. O sistema catalisador [bmim]OH permite a reutilização do catalisador em cinco reciclos sem perda apreciável de atividade (Esquema 20). [57]

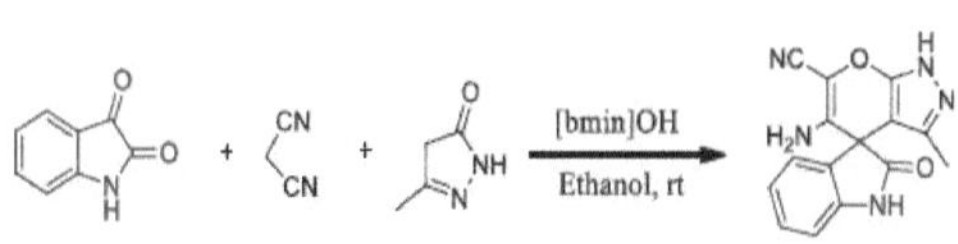

Scheme 20

Um método verde e conveniente de síntese de espiro[dibenzo[a,i]-xanteno-14,3'-indolina]-2',8,13-trionas na presença de uma quantidade catalítica de ácido sulfúrico de celulose (CSA) como um catalisador à base de biopolímero em condições sem solventes a 100 °C foi relatado por Seyyedeh Cobra Azimi e o seu colega de trabalho. As reacções de condensação entre β-naftol, 2- hidroxinaftaleno-1,4-diona com diferentes derivados de isatina permitiram obter os correspondentes derivados de xantenos com rendimentos bons a excelentes. Os autores descreveram o primeiro exemplo de uma reação multicomponente para sintetizar os compostos utilizando ácido sulfúrico de celulose. A abordagem oferece várias vantagens, tais como tempos de reação mais curtos, trabalho simples e não toxicidade do catalisador, excelentes rendimentos e condições sem solventes. Do mesmo modo, o ácido sulfúrico celulósico é reutilizado com sucesso durante quatro ciclos sem perda significativa de atividade (Esquema 21). [58]

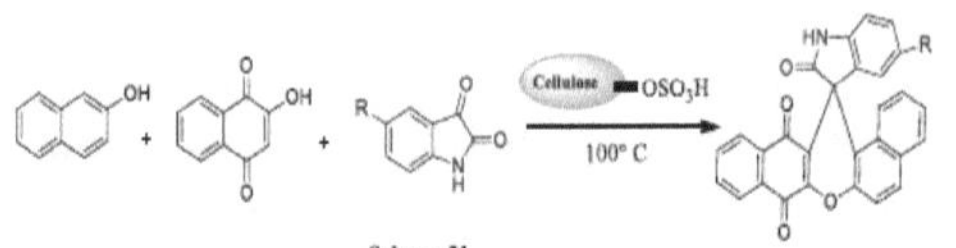

Scheme 21

A reação multicomponente one-pot entre isatina, ácido barbitúrico e 6-amino-1,3- dimetil uracilo foi investigada por Negar e colaboradores. O catalisador utilizado foi a sílica nanoporosa funcionalizada com ácido sulfónico (SBA-Pr-SO3H) e resultou na formação de espirooxindole dipirimidinas. Tal como a unidade de espirooxindole, as 1,4-dihidropiridinas também se encontram em muitos produtos naturais e com actividades biológicas interessantes, tais como vasolidora, antitumoral, antidiabética, broncodilatadora e antiaterosclerótica. Os excelentes rendimentos e os curtos tempos de reação estão relacionados com a elevada eficiência do SBA-Pr-SO3H, uma vez que as reacções ocorrem facilmente no seu material de nanoporos. As condições de reação moderadas e os procedimentos de trabalho fáceis são as vantagens deste método ecológico (Esquema 22).

[59]

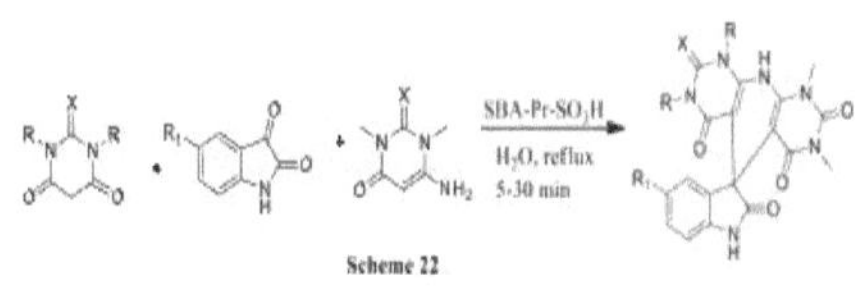

Scheme 22

Com o objetivo de desenvolver novos agentes antituberculosos potentes, Mhiri e colaboradores conceberam uma série de novas dispirooxindolopirrolidinas e dispirooxindolopirrolotiazóis.

Os compostos foram sintetizados através de uma ciclo-adição 1,3-dipolar de três componentes de (Z)-3-arilidenobenzofurano-2-onas, derivados de isatina e α-aminoácidos. A estereoquímica dos espiroprodutos foi estabelecida por uma análise de difração de raios X. Todos os compostos visados foram avaliados quanto à sua atividade antituberculosa in vitro contra a estirpe Mycobacterium tuberculosis $H_{37}Rv$. Os compostos mais activos foram submetidos a estudos de citotoxicidade contra linhas celulares (RAW 264.7). Entre eles, doze compostos indicaram uma potente atividade anti-tuberculosa com bons valores de CIM. Este é o primeiro relatório que demonstrou os híbridos benzofuranona-oxindole como potenciais agentes antimicobacterianos (Esquema 23). [60]

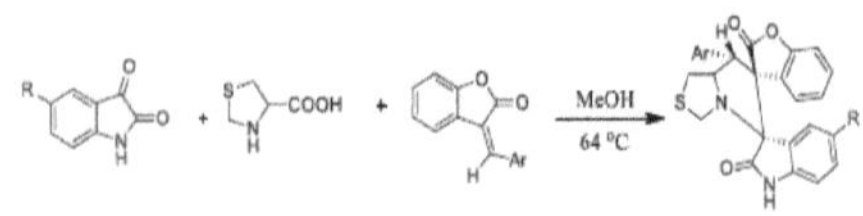

Scheme 23

Um procedimento simples, ecológico, eficiente e de três componentes foi estabelecido para a síntese de 4'-fenil-1'H-spiro[indolina- 3,2'-quinazolina]-2-onas por Kamal e etal. A reação foi realizada através de 2-aminobenzofenonas, isatinas e acetato de amónio em excelentes rendimentos em condições sem catalisador, utilizando etanol como solvente. Este método apresenta várias vantagens, tais como a facilidade operacional, um tempo de reação mais curto e condições sem catalisador, sendo ecológico e económico. Todos os derivados foram testados quanto à atividade antimicrobiana contra estirpes bacterianas Gram-positivas e Gram-negativas, incluindo uma estirpe fúngica Candida albicans MTCC 3017 (Esquema 24). [61]

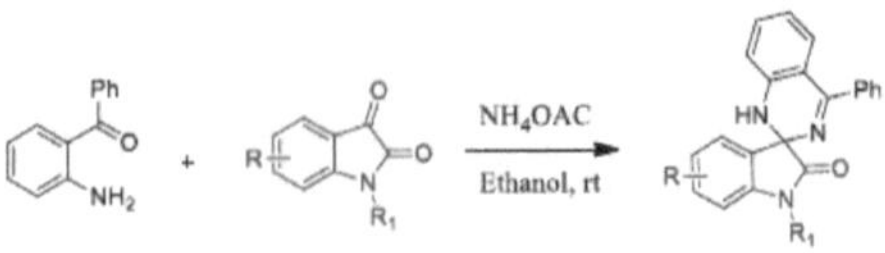

Scheme 24

Roy e colaboradores estudaram a interação entre derivados de tiopirano anulados com espirooxindole (STP) e albumina de soro bovino (BSA) utilizando um método multi-espetroscópico e de acoplamento. A fluorescência intrínseca da BSA pode ser extinta com sucesso pelo STP através de extinção dinâmica. Os parâmetros termodinâmicos sugeridos, as ligações de hidrogénio e as forças de van der Waals desempenharam um papel fundamental na estabilização dos complexos BSA-STP. De acordo com a teoria de transferência de energia sem radiação de Forster (FRET), verificou-se que a distância média de ligação entre STP e BSA era inferior a 7 nm. Além disso, os resultados do UV-visível e do dicroísmo circular especificaram que, na presença de STP, a estrutura secundária da BSA se alterou. O estudo teórico de acoplamento da interação de BSA e STP também apoiou os resultados experimentais (Esquema 25). [62]

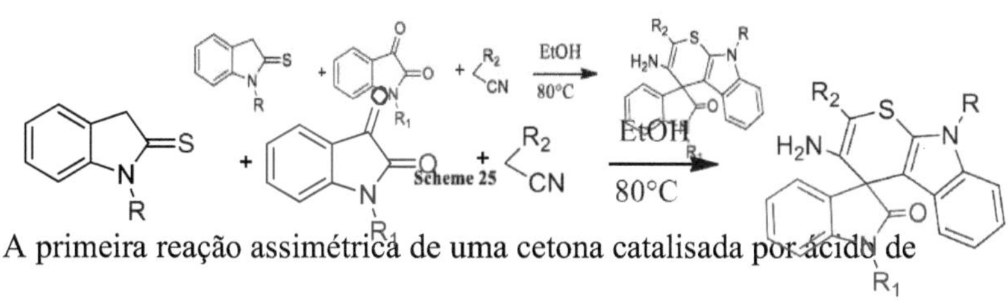

A primeira reação assimétrica de uma cetona catalisada por ácido de Brønsted e semelhante à reação de Biginelli foi desenvolvida por Stucchi e etal. Utilizaram isatinas N-substituídas como substratos carbonílicos, ureia e acetoacetatos de alquilo como componentes precursores. O catalisador ácido fosfórico derivado do BINOL foi utilizado para obter a síntese de uma pequena biblioteca de derivados de espiro(indolina-pirimidina)-dionas quirais e enriquecidos em enantio. A configuração absoluta do novo estereocentro de espiro foi avaliada em derivados diastereoisoméricos por espetroscopia de RMN. A conformação molecular global no estado sólido permitiu a revelação por difractometria de raios X. Para caraterizar o empacotamento cristalino de um derivado do tipo Biginelli substituído por Br-, os estudos computacionais sobre o estado de transição da reação permitiram justificar o resultado estereoquímico (Esquema 26). [63]

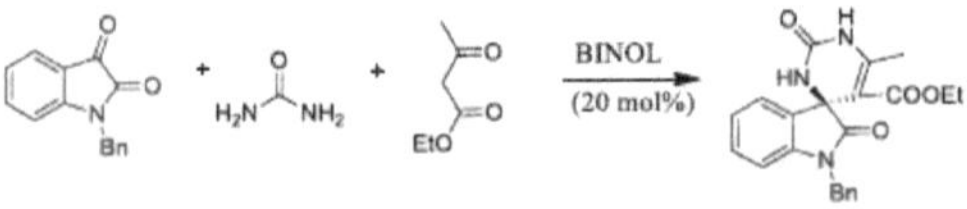

scheme 26

Um novo organocatalisador bifuncional de esquaramida derivado da L-prolina mediou a primeira síntese enantioselectiva de derivados de dihidroespiro [indolina-3,4′-pirano [2,3-c] pirazol] que foram desenvolvidos por reddy e colaboradores. A excelente enantioselectividade obtida pela reação de pirazolonas com isatilidina, γ-insaturada α-cetoéster. Este novo catalisador superou as tioureas e squaramides amplamente utilizadas em enantioselectividade tentadora

(Esquema 27). [64]

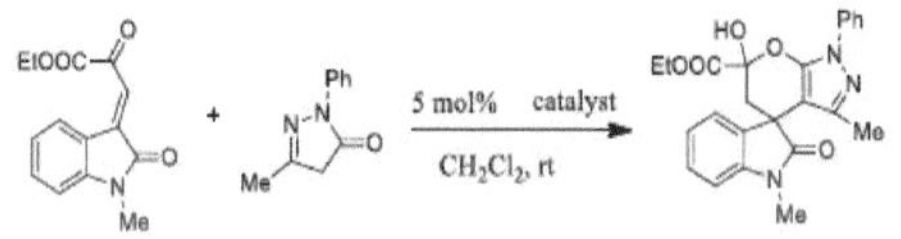

Scheme 27

Um método sintético ecológico e amigo do ambiente desenvolvido por Rashid etal. Para a preparação de nanopartículas de prata (Ag NPs) utilizando o extrato de folhas de Ferula Latisecta como agente redutor e de cobertura. Pode reduzir os iões de prata em AgNPs sem utilizar quaisquer condições severas. Além disso, verificou-se que estas nanopartículas têm uma excelente atividade catalítica na preparação simples e segura de espirooxindoles em água. Este procedimento tem muitas vantagens que incluem simplicidade operacional, baixo custo, tempos de reação curtos e condições ecológicas (Esquema 28)[65].

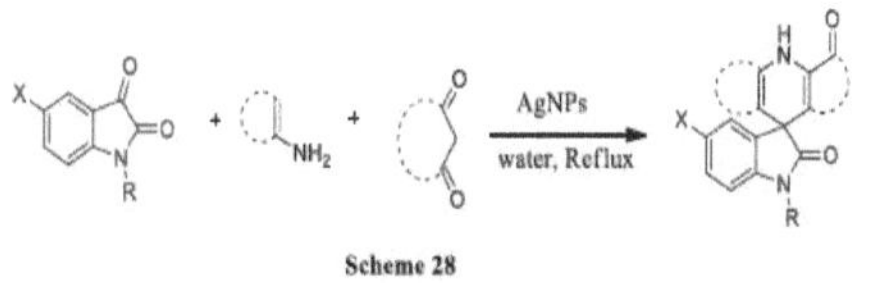

Scheme 28

Borad et al. sintetizaram uma síntese rápida, eficiente, de um pote, de três componentes e assistida por micro-ondas de derivados de espiro[indolina-3,4'-quinolina]. A reação de adição de Knoevenagel/Michael foi realizada por métodos convencionais e de micro-ondas. A reação de isatina, malononitrilo e derivados de amina foi catalisada por $CuCl_2$, resultando em bons rendimentos. As principais vantagens deste protocolo são a simplicidade de trabalho e as condições de reação amigas do ambiente. A caraterização biológica do rastreio antibacteriano também foi avaliada (Esquema 29). [66]

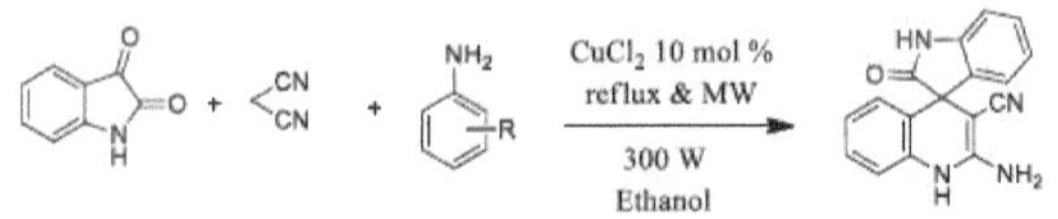

scheme 29

Borad et al. descreveram a síntese de três componentes num único local mediada por $ZrSiO_2$ (10 mol%) de diversos derivados de espiro[cromeno-4,3'-indolina] de fenóis substituídos com isatina e malononitrilo. A reação foi realizada por radiações de micro-ondas a 100 °C, 300 W durante 3-7 min para obter 80-90 % de rendimento. A atividade antibacteriana do composto sintetizado foi analisada em placas de ágar-nutriente através de um ensaio de difusão contra culturas de teste (Esquema 30). [67]

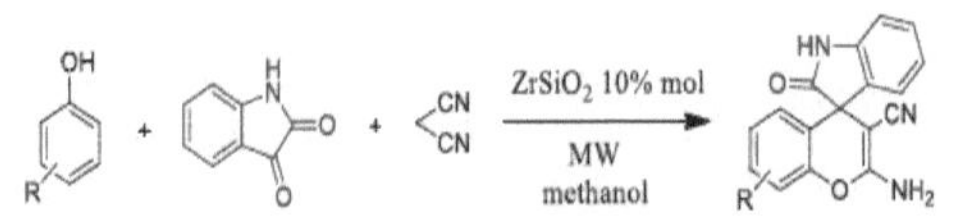

Scheme 30

Como parte de estudos contínuos, Borad et al. desenvolveram uma nova série de derivados de N-(benzo[d]tiazol-2-il)-2-((2,4'-dioxospiro[indoline-3,2' thiazolidin]-3'-yl)amino)acetamida por reação sequencial de 2-aminobenzotiazol com cloreto de cloroacetilo, hidrato de hidrazina, isatina e ácido tioglicólico. Os compostos foram caracterizados por análises elementares e várias técnicas espectroscópicas e foram testados quanto à sua atividade antibacteriana in-vitro contra duas bactérias Gram-positivas e duas Gram-negativas. Um dos compostos possuía um amplo espetro de atividade antibacteriana contra os microrganismos testados (Esquema 31). [68]

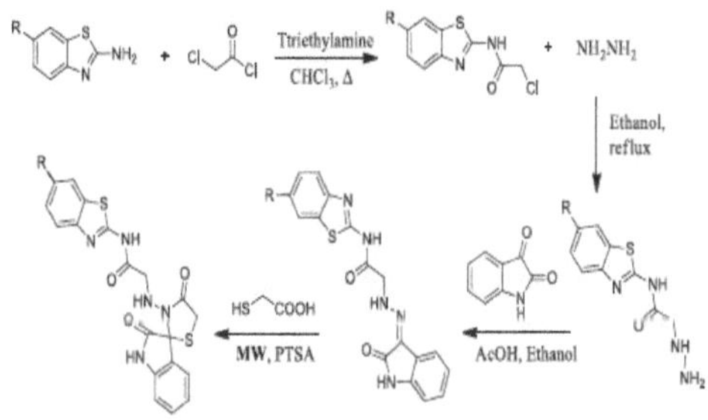

Scheme 31

3. CONCLUSÃO

As isatinas e os seus derivados funcionalizados com C-3 ocupam um lugar de destaque na síntese orgânica e na química medicinal. As isatinas N-substituídas e as isatinas com diferentes substituintes no anel fenílico têm sido utilizadas em reacções de dois, três ou quatro componentes que conduzem à formação de estruturas espiro-heterocíclicas de cinco e seis membros com uma porção 2-oxindol. O desenvolvimento de metodologias diastereo e enantioselectivas contendo dois a quatro estereocentros para a síntese de estruturas cíclicas espiro-fundidas é a área de interesse atual. Nesta revisão, apresentamos várias sínteses recentes de espiroheterociclos baseados em isatina em diferentes meios, indicador de interesse significativo na área e muito mais química interessante é antecipada. Nas reacções mencionadas, alguns casos necessitam de calor para as acelerar e outros são reacções assistidas por micro-ondas. Nalguns casos, a avaliação biológica também foi mencionada. Esperamos que esta revisão conduza os investigadores ou químicos orgânicos a um forte interesse pela síntese orgânica de compostos biologicamente activos com base na isatina.

4. REFERÊNCIAS

[1] Erdmann, O. L. Archiv. Der. Pharmazie. **1840**, 72, 253-285.

[2] Laurent, A. Recherches sur l'indigo. Ann. Chim. Phys. **1840**, 3, 393-434.

[3] Yar, M.; Ali, M.; Bakht, M.; Velmurugan, S. J. Enzyme Inhib. Med. Chem. **2008**, 23, 432-436.

[4] Guo, Y.; Chen, F. Zhongcaoyao. **1986**, 17, 8-11.

[5] Yoshikawa, M.; Murakami, T.; Kishi, A.; Sakurama, T.; Matsuda, H.; Nomura, M.; Kubo, M. Chem. Pharm. Bull. **1998**, 46, 886-888.

[6] Bergman, J.; Lindström, J. O.; Tilstam, U. Tetrahedron **1985**, 41, 2879-2881.

[7] Wei, L.; Wang, Q.; Liu, X. Yaowu Fenxi Zazhi.**1982**, 2, 288.

[8] Kumar, R. R.; Perumal, S.; Senthilkumar, P.; Yogeeswari, P.; Sriram, D. Eur. J. Med. Chem. **2009**, 44, 3821-3829.

[9] Ali, M. A.; Yar, M. S.; Hasan, M. Z.; Ahsan, M. J.; Pandian, S. Bioorg. Med. Chem. Lett. **2009**, 19, 5075-5077.

[10] Ali, M. A.; Samy, J. G.; Manogaran, E.; Sellappan, V.; Hasan, M. Z.; Ahsan, M. J.; Shaharyar, M.Bioorg. Med. Chem. Lett. **2009**, 19, 7000-7002.

[11] Champoux, J. J. Annu. Rev. Biochem. **2001**, 70, 369-413.

[12] Siddiqui, A. A., Ali, M. A. Bioorg. Med. Chem. Lett. **2006**, 16, 4571-4574.

[13] Ali, M. A., Shaharyar, M. Bioorg. Med. Chem. **2007**, 15, 1896-1902.

[14] Almansour, A. I., Ali, S., Ali, M. A., Ismail, R., Choon, T. S., Sellappan, V., Pandian, S. Bioorg. Med. Chem. Lett. **2012**, 22, 7418-7421.

[15] Kumar, R. R., Perumal, S., Senthilkumar, P., Yogeeswari, P., Sriram, D. Tetrahedron **2008**, 64, 2962-2971.

[16] Karthikeyan, S. V., Bala, B. D., Raja, V. P. A., Perumal, S., Yogeeswari, P., Sriram, D. Bioorg. Med. Chem. Lett. **2010**, 20, 350-353.

[17] Prasanna, P., Balamurugan, K., Perumal, S., Yogeeswari, P., Sriram, D. Eur. J. Med. Chem. **2010**, 45, 5653-5661.

[18] Wei, A. C., Ali, M. A., Yoon, Y. K., Ismail, R., Choon, T. S., Kumar, R. S., Osman, H., Bioorg. Med. Chem. Lett. **2012**, 22, 4930-

4933.

[19] Wei, A. C., Ali, M. A., Yoon, Y. K., Choi, S. B., Osman, H., Masand, V. H., Choon, T. S., Med. Chem. Res. **2015**, 24, 818- 828.

[20] Haddad, S., Boudriga, S., Akhaja, T. N., Raval, J. P., Porzio, F., Soldera, A., Kubicki, M. M. New J. Chem. **2015**, 39, 520- 528.

[21] Bertram, L., Tanzi, R. E. Nat. Rev. Neur. **2008**, 9, 768-778.

[22] Shah, R. S., Lee, H.G., Xiongwei, Z., Perry, G., Smith, M. A., Castellani, R. J. **2008**, 62, 199-207.

[23] Vintonyak, V. V.; Warburg, K.; Over, B.; Hubel, K.; Rauh, D.; Waldmann, H. Tetrahedron **2011**, 67, 6713-6729.

[24] Wenk, G. L. J. Clin. Psychiatry. **2006**, 67, 3.

[25] Terry, A. V.; Buccafusco, J. J. J. Pharm. Exp. Ther. **2003**,306, 821-827.

[26] Francis, P. T.; Palmer, A. M.; Snape, M.; Wilcock, G. K. J.Neurol. Neurosurg. Psychiatry. **1999**, 66, 137-147.

[27] Inestrosa, N. C.; Alvarez, A.; Perez, C. A.; Moreno, R. D.; Vicente, M.; Linker, C.; Garrido, J. Neuron, **1996**, 16, 881-891.

[28] Reyes, A. E., Perez, D. R., Alvarez, A., Garrido, J., Gentry, M. K., Doctor, B. P., Inestrosa, N. C. Biochem. Biophys. Res. Commun.

1997, 232, 652-655.

[29] Benzi, G., Moretti, A. Eur. J. Pharmacol. **1998**, 346, 1-13.

[30] Inestrosa, N., Alvarez, A., Godoy, J., Reyes, A., De Ferrari, G. Ata Neurol. Scand. **2000**, 102, 53-59.

[31] Mori, F., Lai, C.-C., Fusi, F., Giacobini, E. Neuroreport **1995**, 6, 633-636.

[32] Francis, P. T., Nordberg, A., Arnold, S. E. Trends pharmacol. sci. **2005**, 26, 104-111

[33] Castro, A.; Martinez, A. Mini. Rev. Med. Chem. **2003**, 1, 267-272.

[34] Pang, Y. P.; Quiram, P.; Jelacic, T.; Hong, F.; Brimijoin, S. J. Biol. Chem. **1996**, 271, 23646-23649.

[35] Carlier, P. R.; Han, Y. F.; Chow, E. S. H.; Li, C. P. L.; Wang, H.; Lieu, T. X.; Pang, Y.P. Bioorg. Med. Chem. **1999**, 7, 351- 357.

[36] Borad, M. A.; Bhoi, M. N.; Prajapati, N. P.; Patel, H. D. Synth. Commun. **2014**, 44, 897-922.

[37] Borad, M.A.;Bhoi, M.N.;Prajapati, N.P.;Patel, H.D. Synth.

Commun. **2014**, 44, 1-15.

[38] Lu, L. J., Yan, C.G. Tetrahedron, **2014**, 70, 9587-9591.

[39] Shen, T.; Fu, Z.; Che, F.; Dang, H.; Lin, Y.; Song, Q. Tetrahedron Lett. **2015**, 56, 1072-1075.

[40] Wang, D.C.; Fan, C.; Xie, Y.M.; Yao, S.; Song, H. Arabian J. Chem. **2014**.

[41]Spiro, G. O., Peg, O., Green, A. A., Anti-Microbial, S. A. O. T., 2014. Res. chem. Environ.

[42] Kianfar, F.; Moghadam, S. R. M. Indian J. Sci. Technol. **2015**, 8.

[43] Kumari, S.; Sindhu, J.; Khurana, J. Synth. Commun. **2015**, 45, 1101-1113.

[44] Shinde, V. V.; Reddy, M. V.; Kim, Y. H.; Cho, B. K.; Jeong,Y. T. Monatsh. Chem. **2015**, 146, 673-682.

[45] Bharitkar, Y. P.; Kanhar, S.; Suneel, N.; Mondal, S. K.; Hazra, A.; Mondal, N. B. Mol. Divers. **2015**, 19, 251-261.

[46] Ashok, D.; Gundu, S.; Aamate, V. K.; Devulapally, M. G.; Reddy, M. S. Russ. J. Gen. Chem. **2015**, 85, 708-717.

[47] Taghizadeh, M.; Salahi, F.; Hamzelooian, M.; Jadidi, K. J. Sci. I. R. Iran. **2015**, 2, 25-33.

[48] Almansour, A. I.; Arumugam, N.; Kumar, R. S.; Periyasami, G.; A Ghabbour, H.; Fun, H. K. Molecules **2015**, 20, 780-791.

[49] Shi, R. G., Yan, C.G. Chin. Chem. Lett. **2016**.

[50] Reddy, B. S.; Reddy, S. G.; Durgaprasad, M.; Bhadra, M. P.; Sridhar, B. Org Biomol Chem. **2015**, 13, 8729-8733.

[51] Wu, H.R.; Cheng, L.; Kong, D.L.; Huang, H.Y.; Gu, C.L.; Liu, L.; Li, C.J. Org. lett. **2016**, 18, 1382-1385.

[52] Elinson, M. N.; Ryzhkov, F. V.; Zaimovskaya, T. A.; Egorov, M. P. Monatsh. Chem. **2016**, 147, 755-760.

[53] Mane, M. M.; Pore, D. M. J. Chem. Sci. **2016**, 128, 657-662.

[54] Mali, P. R.; Rao, L. C.; Bangade, V. M.; Shirsat, P. K.; George, S. A.; Meshram, H. New J. Chem. **2016**.

[55] Zhu, L.; Yu, C.; Li, T.; Wang, Y.; Lu, Y.; Wang, W.; Yao, C. Org. Biomol. Chem. **2016**, 14, 1485-1491.

[56] Dige, N. C.; Pore, D. M. Synth. Commun. **2015**, 45, 2498-2510.

[57] Padvi, S.A.; Tayade, Y.A.; Wagh, Y. B.; Dalal, D. S. Chin.Chem. Lett. **2016**.

[58] Azimi, S.C.; Abbaspour-Gilandeh, E. Iran.chem.commun.2015.

[59] Mohammadi Ziarani, G.; Aleali, F.; Lashgari, N.; Badiei, A.IJCCE **2016**, 35, 17-23.

[60] Mhiri, C.; Boudriga, S.; Askri, M.; Knorr, M.; Sriram, D.; Yogeeswari, P.; Strohmann, C. Bioorg. Med. Chem. Lett. **2015**, 25, 4308-4313.

[61] Kamal, A.; Babu, K. S.; Chandrasekhar, C.; Nagaraju, B.; Sastry, K. V.; Kumar, C. G. Tetrahedron Lett. **2015**, 56, 6373- 6376.

[62] Roy, S.; Ponra, S.; Nandi, R. K.; Majumdar, K.; Das, T. K.Adv. Mater. Lett. **2015**, 6, 913-919.

[63] Stucchi, M.; Lesma, G.; Meneghetti, F.; Rainoldi, G.; Sacchetti, A.; Silvani, A. J. Org. Chem. **2016**, 81, 1877-1884.

[64] Kumarswamyreddy, N.; Kesavan, V. Org. lett. **2016**, 185, 1354-1357.

[65] Rashid, Z.; Moadi, T.; Ghahremanzadeh, R. New J. Chem.**2016**, 40, 3343-3349.

[66] Patel, H. D. Curr. Microwave Chem. **2016**, 3, 166-172.

[67] Patel, H. D. Curr. Micro-ondas Chem. **2016**, 2. DOI: 10.2174/2213335602666150903211 701.

[68] Borad, M. A.; Bhoi, M. N.; Parmar, J. A.; Patel, H. D. Int. lett. chem. phys. astron. **2015**, 53, 122-129.

MIX
Papier aus verantwortungsvollen Quellen
Paper from responsible sources
FSC® C105338

Printed by Books on Demand GmbH, Norderstedt / Germany